Bibliografische Information der Deutschen Nationalbibliothek:

Die Deutsche Bibliothek verzeichnet diese Publikation in der Deutschen National-
bibliografie; detaillierte bibliografische Daten sind im Internet über http://dnb.d-
nb.de/ abrufbar.

Impressum:

Copyright © 2016 GRIN Verlag
Druck und Bindung: Books on Demand GmbH, Norderstedt Germany
ISBN: 9783668962927

Johanna Maria Würtz

Ernährung der wachsenden Weltbevölkerung

Analyse der Probleme unserer Konsumgesellschaft und Ideen eines zukunfsorientierten Umgangs mit den zur Verfügung stehenden Ressourcen

GRIN Verlag

Ernährung der wachsenden Weltbevölkerung

Analyse der Probleme unserer Konsumgesellschaft und Ideen eines
zukunfsorientierten Umgangs mit den zur Verfügung stehenden Ressourcen

Johanna Maria Würtz

Fach: Geografie

Klasse: 11

Abgabetermin: Do, 11.02.2016

Inhaltsverzeichnis

1. Einführung in das Thema

1.1 Grund der Themenwahl und Zielsetzung

Die Nahrungsaufnahme ist Voraussetzung unserer Existenz und dennoch geschieht sie in unserem Alltag nur nebenbei. Neben Job, Familie und Freizeit bleibt einfach nicht viel Zeit, sich großartig Gedanken über die Lebensmittel zu machen, die beispielsweise auf dem Rückweg von der Arbeit schnell im nächsten Supermarkt eingekauft werden. Dort finden sie sich teilweise bereits fertig zubereitet und müssen lediglich aufgetaut oder aufgewärmt werden. Daher können wir immer weniger nachvollziehen, was in unserem Essen eigentlich drin ist.

Meine Eltern haben sich immer bemüht, alles, was wir nicht direkt aus unserem Kleingarten auf den Tisch bekommen, im Bioladen einzukaufen, und auch für mich wird es immer wichtiger zu wissen, was ich eigentlich zu mir nehme. Angefangen hat das vor etwa fünf Jahren, als ich, dem Beispiel meiner kleineren Schwester folgend, komplett aufgehört habe, Fleisch zu essen. Heute ist unser Hund der einzige „Fleischfresser" in der Familie.

Die wachsende Popularität des Vegetarismus und der veganen Ernährungsweise in den vergangenen Jahren ist mir nicht nur hier in Deutschland aufgefallen, sondern auch während meines Schüleraustausches in Ecuador und auf Urlaubsreisen in einigen Großstädten Europas. Laut „proplanta", dem Informationsportal für die Landwirtschaft, soll sich der Anteil der Vegetarier innerhalb der letzten sieben Jahre in Deutschland sogar verdoppelt haben. Ich wollte daher wissen, ob eine fleischfreie Kost neben der eigenen Gesundheit auch die Welternährungslage verbessern könne.

Bei den ersten Recherchen im Greenpeace Magazin „Essen Spezial – Was kommt in Zukunft auf den Teller" fiel mir allerdings auf, dass der Anbau rein vegetarischer Kost erstens in einigen Regionen der Erde unter natürlichen Bedingungen einfach nicht möglich ist und zweitens heute schon genug Lebensmittel produziert werden, um alle Weltbürger zu ernähren. Das Probem ist hauptsächlich die Verteilung der Nahrungsmittel und damit die gesamte wirtschaftliche Situation auf der Welt und in den einzelnen Ländern.

Eine Diskussion der Vor- und Nachteile vegetarischer oder veganer Ernährung schien mir deshalb wenig gewinnbringend, zumal es nicht mein Ziel ist, Missionsarbeit zu leisten.

Ich entschied mich daher, am Anfang meiner Facharbeit die Wirtschaft der Industrienationen zu beleuchten und dann mithilfe einer Materialsammlung ressourcenschonende Ansätze für die Zukunft aufzuzeigen. Den Umfang der Abfälle in den „Konsumgesellschaften" möchte ich im zweiten Kapitel durch die Zusammenfassung einer Studie der Universität Stuttgart von 2011 zu den Lebensmittelabfallmengen in allen Bereichen der Wertschöpfungskette für Deutschland genauer einschätzen. Eine Grafik zu den Verhältnissen im Bereich der Großverbrauer werde ich aus den Ergebnissen der Studie entwickeln und auswerten, um im letzten Kapitel den direkten Bezug zu meinem Alltagsleben durch die Auswertung zweier Interviews zur Schul- beziehungsweise Kitaverpflegung herzustellen. Zum Schluss möchte ich von meinen Ergebnissen zur Schulverpflegung ausgehend, nochmals die Beziehung zu meiner Problemfrage aufzeigen: Wie kann in Zukunft die Ernährung der wachsenden Weltbevölkerung gewährleistet werden?

1.2 Begriffsklärung

Der Begriff **Konsumgesellschaft** meint im Allgemeinen eine Gesellschaft, in der die Befriedigung der lebensnotwendigen Bedürfnisse der Menschen durchgehend gewährleistet ist und „die den Status und Erfolg ihrer Mitglieder an deren [...] Verbrauch (Konsum) der Waren"[1] misst. Äquivalent und in den meisten Fällen kritisch gegenüber dem in Industrienationen vorherrschenden, standardisierten und kaum individuellen Lebensstil können „die Begriffe Überflussgesellschaft, Wohlstandsgesellschaft oder auch Wegwerfgesellschaft"[2] verwendet werden: Durch den mit Hilfe von Werbung angeregten Konsum kurzlebiger, häufig auch

---

[1]   http://www.enzyklo.de/lokal/40027
[2]   http://de.wikipedia.org/wiki/Konsumgesellschaft

nicht lebensnotwendiger Dienstleistungen und Produkte aus industrieller Massenproduktion soll das persönliche Image des Einzelnen gesteigert werden.

Als **Wertschöpfungskette** bezeichnet man die Abfolge wirtschaftlicher Leistungen
in den einzelnen Wirtschaftszweigen und Unternehmen, „durch die das endgültige
Kundenprodukt oder die endgültige Dienstleistung [unter Wertsteigerung] entsteht".
Mit dem aus dem französischen entlehnten Begriff **Ressource**, der so viel wie
„Hilfsmittel", „Reserve" und „Geldmittel" bedeutet[3], wird die Gesamtheit der auf der
Erde vorhandenen und für das menschliche Leben und Wirtschaften notwendigen
Faktoren benannt.

Die natürlichen Ressourcen werden unterteilt in erneuerbare Ressourcen, die sich
im gleichen Zeitraum regenerieren können, in dem sie dem System entnommen
werden, und in erschöpfliche Ressourcen, wie fossile Energieträger und
mineralische Rohstoffe, deren vorhandener Gesamtbestand in dem für
menschliche Planungen relevanten Zeitraum konstant ist, sodass eine Rivalität
zwischen Gegenwart und Zukunft entsteht. Bei erneuerbaren Ressourcen müssen,
wie beispielsweise bei den Wald- und Fischbeständen, „die Rückwirkungen von
Abbauraten auf Regenerationsraten berücksichtigt werden"[4], die auch von der
Größe des Anfangsbestandes abhängen. Daher ist für die Gewährleistung der
zukünftigen Nutzungsmöglichkeit für alle Naturgüter eine genaue Planung und
unbedingt eine Steigerung der Ressourceneffizienz notwendig.

Dieses vorausschauende Denken soll die Versorgung der heutigen Bevölkerung
sicherstellen, dabei aber auch die Lebenschancen zukünftiger Generationen nicht
einschränken. Das Wirtschaftsprinzip der **Nachhaltigkeit**, ursprünglich in der
Forstwirtschaft entwickelt, hat den Vorsatz, ein „Fließgewicht der natürlichen
Ressourcen"[5] zu erzielen.

---

[3]   vgl. http://www.sign-lang.uni-hamburg.de/projekte/slex/seitendvd/konzeptg/l53/l5354.htm
[4]   http://wirtschaftslexikon.gabler.de/Definition/erneuerbare-ressource.html
[5]   http://wirtschaftslexikon.gabler.de/Definition/erneuerbare-ressource.html

2. Materialsammlung zur wirtschaftlichen Situation in unserer Konsumgesellschaft

„Zuerst die schlechte Nachricht: Heute hungern 800 Millionen Menschen und die Landwirtschaft steht vor dem Kollaps. Jetzt die gute: In Zukunft ist genug für alle da – wenn wir es richtig machen."[6]

Die Weltbank sowie die großen Agrarfabriken geben an, dass die Lebensmittelproduktion bis 2050 um 70 % gesteigert werden müsse, um in Zukunft die gesamte Weltbevölkerung ausreichend mit Nahrung versorgen zu können. Dies könne durch den Anbau der genmanipulierten Hochleistungspflanzen beziehungsweise den Gemüseanbau in asiatischen Pflanzenfabriken erreicht werden. Diese Konzepte sind allerdings hauptsächlich profitorientiert und können zur Ernährung der Weltbevölkerung nur in sehr begrenztem Maße beitragen, weil die Wirtschaft als sich selbst erhaltender Kreislauf aus Produktion und Konsum auf unserem endlichen Planeten nicht unbegrenzt wachsen kann. Außerdem wird de facto schon jetzt doppelt so viel produziert, wie wir benötigen. Dass nicht alle Menschen satt werden, liegt nicht an der Menge der vorhandenen Lebensmittel, sondern an dem kapitalistischen Wirtschaftssystem, welches sich in der Zeit der Industrialisierung entwickelt hat. Damals begannen private Gesellschaften, das Geld, welches sie für den Einsatz der neuen Techniken benötigten, über die Ausgabe von Aktien einzutreiben. „Aktien sind Wertpapiere, mit denen ein Anteil an einer Gesellschaft verbrieft garantiert wird"[7]. Bereits Ende des 19. Jahrhunderts waren zum Beispiel in den Vereinigten Staaten schon bis zu 50 Prozent des privaten Kapitals auf diese Weise angelegt, weshalb das Geld kaum noch einen realen Wert hatte und durch das gleichzeitige Wachstum des Kreditwesens ein regelrechter Wachstumszwang entstand. Das Naturkapital schien zudem zu dieser Zeit unerschöpflich vorhanden zu sein.

Heute leben wir in den reichen Ländern in Überfluss an Gütern und Kapital, während die natürlichen Ressourcen bereits nur noch eingeschränkt nutzbar sind.

---

[6] Katja Morgenthaler: Ist mehr eine Option, wenn zu viel schon nicht funktioniert?. In: greenpeace magazin. 5.15: Essen Spezial, S.21

[7] http://www.oekosystem-erde.de/html/geld.html#geldschoepfung

Da jetzt die Natur, nicht mehr das Kapital, der regulierende Faktor ist, müssen auch andere Anreize gesetzt werden.

Da das schwindende Naturkapital nicht durch menschliche Anstrengungen ersetzt werden kann, müssen für die Nutzung der natürlichen Ressourcen dringend Obergrenzen festgelegt werden. „Das Recht, innerhalb dieser Grenzen Naturkapital nutzen zu dürfen, kann auf einem freien Markt gehandelt werden. Die optimale Aufteilung der knappen Ressourcen wird so den Märkten überlassen; die Festlegung der Obergrenzen für eine nachhaltige Nutzung des Naturkapitals ist dagegen eine politische Aufgabe."[8]

Die Politik spielt aus diesem Grund eine entscheidende Rolle und muss das für eine Entwicklung zur Nachhaltigkeit nötige Fundament realisieren.

Stattdessen aber werden Freihandelsabkommen der Europäischen Union mit den USA und Kanada geplant, damit durch die Abschaffung von Zöllen und anderen Handelsbarrieren Importwaren günstiger werden und mit Konsum und Handel die gesamte Wirtschaft wächst. Die Tragweite des Transatlantic Trade and Investment Partnership und des Comprehensive Economic and Trade Agreement haben viele Deutsche scheinbar bereits realisiert, denn im Oktober vergangenen Jahres versammelten sich etwa 250.000 Menschen zur größten Demonstration seit über zehn Jahren. Als Konsequenz werden nicht nur eine Absenkung des Verbraucherschutzes und die Aufnahme gentechnisch veränderter Lebensmittel auf den Markt befürchtet, sondern insbesondere eine Gefährdung des Weltklimas.

In einem solchen System können sich nur die wirtschaftlich stärksten Unternehmen durchsetzen und das Preisniveau bestimmen, welches mit Hilfe von Massenproduktion und unterstützt durch staatliche Subventionen niedrig gehalten werden kann. Dadurch haben kleinbäuerliche Betriebe besonders in ärmeren Regionen geringe Chancen sich in der Wirtschaft zu etablieren.

In Westafrika führte der Internationalen Währungsfonds (IWF) zwecks „Schuldeneindämmung" einen „Strukturanpassungsplan" ein, der den Anbau oft bewässerungsintensiver Exportprodukt begünstigte, während der Zwiebelanbau

---

[8]   http://www.oekosystem-erde.de/html/zukunft-reichtum.html

als Lebensgrundlage vieler Bauern beispielsweise im Senegal durch Marktsättigung mit überschüssigen Erzeugnissen aus Europa bedroht wurde. Viele Menschen wählen infolge des geringen Einkommens die billigsten Produkte und somit bleiben während der Saison für die regionale Landwirtschaft kaum Absatzmöglichkeiten zu fairen Preisen, Lagerung ist aufgrund fehlender Lagerhäuser meist auch keine Option. Zusätzlich sinken die Einkünfte des Bauern und der gesamten ländlichen Bevölkerung durch den Verkauf an Zwischenhändler, die eigene Gewinne einstreichen, sodass der Preis für den Verbraucher ansteigt. Das gleiche gilt trotz hoher Einkommen und Investitionsbereitschaft auch in Industrieländern, denn bei Nahrungsmitteln wird häufig gespart.

Die senegalesische Regierung führte daraufhin ein saisonales Importverbot für Zwiebeln ein, was zur Folge hatte, dass sich der Umsatz in kurzer Zeit versiebenfachte. Bei den neuen Ansätzen wird in allen Teilen der Erde besonders durch regionalen Vertrieb auf eine Verkürzung der Absatzketten gesetzt und die enge Verbindung des Konsumenten zum Produzenten gestärkt, beispielsweise durch die Community Supported Agriculture (CSA).

Problematisch ist bei der Durchsetzung eines zukunftsfähigen Wirtschaftssystems, diese Maßnahmen mit dem freien Handel in Übereinstimmung zu bringen, denn solange nicht alle Länder die Nutzung natürlicher Ressourcen mit Kosten belegen, wird es immer einen Wettbewerbsnachteil für Einzelne geben.

Das Ziel sollte im weitesten Sinne ein ökonomisches Gleichgewicht sein, sowohl zwischen Produktion und Konsum als auch zwischen dem Verbrauch von Rohstoffen und der Rückführung der Abfälle in das Ökosystem, wodurch sich auch Nutzen und Schaden die Waage hielten. Wir müssen daher die verfügbaren Ressourcen so wirkungsvoll und verlustarm wie möglich nutzen, um sie länger zu erhalten, und somit statt der Arbeitsproduktivität die Energie- und Rohstoffproduktivität erhöhen. Durch eine Steuerumverteilung von der Arbeit auf den Energie- und Rohstoffverbrauch zumindest während der Übergangszeit könnte aber sogar gleichzeitig für eine gleichbleibende Anzahl an Arbeitsplätzen und die Möglichkeit zur Preissenkung oder Lohnerhöhung gesorgt werden.

3. Lebensmittelabfälle in Deutschland

Der Begriff Lebensmittelabfall umfasst rohe und verarbeitete Lebensmittel, welche noch genusstauglich wären, sowie Lebensmittelreste aus der landwirtschaftlichen Produktion, der (Weiter-) Verarbeitung von Lebensmitteln, dem Groß- und Einzelhandel, den Küchen von Großverbrauchern und Privathaushalten. Man unterteilt sie weiter in vermeidbare Lebensmittelabfälle, die zum Zeitpunkt ihrer Entsorgung noch uneingeschränkt genießbar sind oder bei rechtzeitiger Verwendung genießbar gewesen wären, und teilweise vermeidbare Lebensmittelabfälle, die aufgrund unterschiedlicher Verbrauchergewohnheiten entstehen, wie beispielsweise durch das Verschmähen von Brotrinde und Apfelschalen. In dieser Kategorie werden auch Mischungen aus vermeidbaren und nicht vermeidbaren Abfällen erfasst, wie etwa Speisereste und Kantinenabfälle. Nicht vermeidbare Lebensmittelabfälle sind jene, die im Zuge der Speisezubereitung entstehen und der Entsorgung zugeführt werden. Im Wesentlichen beinhalten diese nicht essbare Bestandteile, wie Knochen, Bananenschalen oder ähnliches, aber auch Essbares, zum Beispiel Kartoffelschalen.[9]

3.1 Exzerpt

An der Universität Stuttgart wurden am Institut für Siedlungswasserbau, Wassergüte- und Abfallwirtschaft zwischen dem 01.06.2011 und 29.02.2012 unter der Projektleitung von Prof. Dr. M. Kranert die weggeworfenen Lebensmittelmengen in Deutschland ermittelt und Vorschläge zu deren Verminderung erarbeitet.

Im ersten Teil der mir vorliegenden Kurzfassung der Studie werden zur Ermittlung der Abfallmengen bereits vorhandene Untersuchungen aufgelistet und erläutert. Die Methoden zur Abschätzung des Umfangs und die Ergebnisse der Hochrechnung werden benannt und analysiert und führen zur Identifikation von Datenlücken und Forschungsbedarf in diesem Fachbereich.

---

[9]   https://www.zugutfuerdietonne.de/index.php?id=198

Zur Entwicklung von Möglichkeiten zur Verminderung der Wegwerfrate bei Lebensmitteln wird zunächst über die Ursachen für die Entstehung von Lebensmittelmüll aufgeklärt und Strategien und Konzepte in anderen Ländern erklärt, um dann Handlungsempfehlungen sowohl im Bereich der Lebensmittelindustrie, des Handels und der Großverbraucher als auch im privaten Haushalt zu geben.

Zur Ergänzung vorhandener Studien aus Deutschland beispielsweise über das „Konsumverhalten und die Entstehung von Lebensmittelabfällen in Musterhaushalten" von Barabosz, 2011, und zur „Verringerung von Lebensmittelabfällen (und) Identifikation von Ursachen und Handlungsoptionen in NRW" unter anderem von Teitscheid, 2012, wurden auch Studien aus anderen Industrieländern ausgewertet, zum Beispiel über die globale Lebensmittelverschwendung (Gustavson, 2011: „Global Food Losses and Food Waste"). Zusätzlich wurden eigene Erhebungen der Stuttgarter Arbeitsgruppe zur Ermittlung der Abfallmengen in der Lebensmittelindustrie angestellt, die die enormen Schwankungsbreiten der Daten aufgrund uneinheitlicher Definitionen eingrenzen sollten. Auch Expertengespräche mit Fachverbänden für Einzelhandel oder Großmärkte und Besichtigungen brachten wesentliche Erkenntnisse. Um im Bereich der Großverbraucher eine möglichst gute Abschätzung der Mengen zu erhalten, wurden in verschiedenen Betriebsarten mehrere Berechnungsansätze vorgenommen und miteinander verglichen. Bei der Hochrechnung der Werte aus Haushalten müssen dabei neben dem kommunalen Abfallsystem die zusätzlichen Entsorgungsmöglichkeiten, wie die Kanalisation, beachtet werden, die schätzungsweise etwa ein Viertel des Hausmülls aufnehmen. Auch spielen Faktoren wie Ort, Zeit, Form und Größe des Haushaltes und die jeweiligen Lebensgewohnheiten eine Rolle. Der Durchschnittshaushalt, der als Bezugsgröße dient, existiert in Wirklichkeit nicht.

Unter Vernachlässigung der Schwankungsbreiten der Lebensmittelabfälle kommt man in der Summe der Bereiche der Wertschöpfungskette exklusive der

Landwirtschaft in Deutschland insgesamt auf eine Jahresdurchschnittsmenge von 10.970.000 t.

Davon entstehen über 60 Prozent in den Haushalten. Industrie und Großverbraucher liefern mit rund 17 Prozent jeweils die gleiche Menge an Lebensmittelmüll, während im Einzelhandel durch die Abgaben an karitative Einrichtungen ein großer Teil der Nahrungsmittel vor dem Wegwerfen bewahrt werden kann und „nur" um die 500.000 t jährlich im Müll landen.

Im Bereich der Großverbraucher fallen die größten Abfallmengen im Gaststättengewerbe an, gefolgt von der Betriebsverpflegung, den Beherberungs- stätten sowie Alten- und Pflegeheimen. Die Schulverpflegung (2009/10), die im folgenden Teil der Arbeit noch genauer betrachtet werden soll, steht mit zwischen 75.000 und 87.000 t an fünfter Stelle und auch Krankenhäuser liegen bei über 50.000 t pro Jahr.

Etwa zwei Drittel der rund 6,68 Millionen Tonnen Lebensmittelabfall aus Haushalten sind vermeidbare und teilweise vermeidbare Abfälle, die im Jahr einen Geldwert von 16,6 bis 21,6 Milliarden Euro ausmachen, pro Kopf sind das etwa 233,70 Euro. Dieser Betrag ist vergleichbar mit den Ergebnissen aus Großbritannien, Australien und Finnland.

Den Hauptanteil des vermeidbaren und teilweise vermeidbaren Lebensmittelmülls machen Obst und Gemüse mit fast 45 Prozent aus, dann kommen Backwaren mit 15 und Speisereste mit 12 Prozent. Milchprodukte, Getränke sowie Fleisch und Fisch machen dagegen einen vergleichsweise kleinen Anteil aus.

Da die Erfassung der Lebensmittelabfallmengen weder in der Lebensmittelindustrie und dem Handel noch im Bereich der Großverbraucher vorgeschrieben ist, gibt es oft keine gesicherten Daten und es muss auf Kennzahlen aus der Literatur und andere Methoden zur Erhebung zurückgegriffen werden. Auch in den Haushalten existieren keine Daten über Anteile und Zusammensetzung sowie Mengen der privat entsorgten Lebensmittel. „In allen Bereichen ist [...] noch eine Vereinheitlichung der Definitionen, Erhebungsmethodik und Bezugsgrößen für Lebensmittelabfälle notwendig." Auch haben vorhandene Erhebungen beispielsweise im Gaststättengewerbe häufig keinen ausreichenden Aktualitätsbezug mehr.

Entlang der gesamten Wertschöpfungskette entstehen Lebensmittelabfälle.

Bereits in der **Lebensmittelindustrie** landen viele Produkte noch vor Erreichen des Handels im Müll, da sie in ihren Eigenschaten den Anforderungen an Form, Größe und Qualität für die Weiterverarbeitung nicht genügen oder den gesetzlich vorgeschriebenen Handelsnormen nicht entsprechen. Auch müssen zur Qualitätsgarantie Proben entnommen werden und Rückstellmuster geprüft und bis zum Ablauf des Mindesthaltbarkeitsdatums aufbewahrt werden. Während des Produktionsprozesses kann es durch technische Störungen zur Beschädigung von Produkten oder der Verpackung kommen, die sich dann negativ auf die Qualität und Haltbarkeit auswirken. Unnötiger Verlust kann ebenfalls beim Abfüllprozess flüssiger Lebensmittel durch Verschütten zustande kommen. Die unregelmäßige Nachfrage des Handels führt außerdem immer wieder zu Fehlplanungen oder Überproduktion.

Das gleiche Problem ergibt sich auch im **Handel** aufgrund des wechselnden Kunsumverhaltens der Kunden. Die hohen Erwartungen der Verbraucher erfordern eine stets große Vielfalt an Waren in gut gefüllten Regalen. Durch dieses gleichbleibend hohe Überangebot verlieren viele Waren jedoch ihre Qualität noch bevor sie verkauft werden können, denn spätestens das Ablaufen des Mindesthaltbarkeits- und besonders des Verbrauchsdatums zwingt die Händler dazu, Lebensmittel zu entsorgen. Vor allem bei Obst und Gemüse können durch Transport oder Lagerung in großen Stapeln kleine Druckstellen entstehen und bei falschen Temperatur- beziehungsweise Lichtverhältnissen durch Fäulnis auch angrenzende Früchte verderben.

In **privaten Haushalten** sind die Wegwerfgewohnheiten nicht nur von der gesellschaftlichen Situation, sondern auch von individuellen Gewohnheiten und Lebensumständen abhängig. So kann beispielsweise die Lagerung unter falschen

Bedingungen und ein fehlender Überblick über die Vorräte, wobei die neu gekauften Produkte häufig bevorzugt werden, Grund für vermeidbare Lebensmittelabfälle sein.

Bei selbst erzeugten Produkten aus dem eigenen Garten kann es zu einem saisonalen Überfluss an bestimmten Produkten kommen, sodass vieles verdirbt und entsorgt werden muss, wenn es nicht rechtzeitig verwertet werden kann.

Auch bei den **Großverbrauchern** sind oftmals Kalkulationsschwierigkeiten und falsche Lagerung Ursachen für die Entstehung von Lebensmittelabfall. Ein weiterer Grund ist, dass 80 Prozent der noch nicht zur Ausgabe gelangten Speisen nicht wieder eingesetzt werden. Speisereste werden weniger, je genauer auf die individuellen Bedürfnisse der Kunden in Portionsgröße, Art und Inhaltsstoffen der Speisen eingegangen wird.

Ein großes Problem in allen Bereichen ist das mangelnde Bewusstsein für die Abfallmengen.

Deshalb ist es wichtig, nicht nur den an der Lebensmittelkette Beteiligten, sondern auch Politikern durch Handlungsempfehlungen ein Mittel zur Erarbeitung von Vermeidungsstrategien von Lebensmittelmüll in die Hand zu geben.

Zuerst müssen dafür allerdings die angestrebten Ziele geklärt sein und dann eine Handlungs- sowie eine Forschungsagenda erstellt werden, sodass mögliche Maßnahmen zu deren Realisierung bekannt und eventuelle Datenlücken geschlossen sind. Danach ist die Handlungsbereitschaft aller Beteiligten erforderlich, die nur erreichbar ist, wenn das Problem sachlich und unter Verweiß auf belastbare Forschungsergebnisse allen wesentlichen Akteuren der Wertschätzungskette vermittelt werden kann und von diesen angenommen wird. Dazu sollten jegliche Schuldzuweisungen vermieden werden.

Des Weiteren muss durch vemehrte Kommunikation der einzelnen Bereiche untereinander, beispielsweise mit Hilfe eines online-Netztwerkes für umwelt-bewusstes Handeln und Verringerung von Lebensmittelabfällen, die Transparenz gesteigert werden. So könnten die Unternehmer sich gleichzeitig über Erfahrungen austauschen und Rat bei Experten einholen. Auch die Vergabe von Preisen könnte über eine solche Plattform laufen und so als Werbemittel für eine Steigerung der Motivation sorgen.

Das Bewusstsein für Abfälle kann verbessert werden, indem besonders die Mitarbeiter zum achtsamen Umgang mit den natürlichen Ressourcen motiviert werden und sich selbst als Verantwortliche, aber auch als Vorbilder sehen lernen.

Die Erfassung der Mengen an Lebensmittelmüll muss rechtlich vorgeschrieben und zum Beispiel bei der Auszeichnung mit Umweltstandards berücksichtigt werden. Auch sollte dieses Thema bereits in der Ausbildung im Bereich der Landwirtschaft, Industrie, Handel und Gastronomie berücksichtigt werden.

Im Einzelnen lassen sich in der Lebensmittelindustrie und dem Einzelhandel Abfallmengen durch Betriebs- und Prozessoptimierung zu nachhaltiger Produktion und Vertrieb, sowie freiwillige Verpflichtungserklärungen in großem Maße reduzieren. Weiterhin würde der vermehrte Verkauf regionaler Waren, die bei den Verbrauchern immer beliebter werden, die Transportwege verkürzen und Fehlbestellungen könnten zunehmend verhindert werden. Leicht beschädigte Produkte oder solche kurz vor Ablauf des Mindesthaltbarkeitsdatums, die aber noch genießbar sind, sollten nicht routinemäßig entsorgt, sondern als Sonderangebote günstig verkauft oder verschenkt werden, ähnlich wie es bei Backwaren von sogenannten "Vortagsbäckereien" bereits praktiziert wird.

Solche Angebote aufgrund eines bald ablaufendenden Mindesthaltbarkeitsdatums könnten allerdings eventuell auch nur eine Verlagerung der Abfälle in die Haushalte zur Folge haben, denn dessen Überschreitung ist häufig auch mit für die Entsorgung verantwortlich.

Der Einsatz alternativer Lebensmittelkennzeichnungen, die eine genauere Qualitätsangabe liefern könnten, wäre daher sinnvoll. Der Vertrieb von Einzelprodukten statt Großpackungen fördert das Verständnis für den wirklichen Bedarf und bietet die Möglichkeit entsprechend zu planen.

Auf diese Weise kann die Menge an Lebensmittelabfällen deutlich vermindert, nicht aber vollständig verhindert werden. Deswegen ist in diesem Zusammenhang auch die Weiterverwertung von Biomüll durch Kompostierung oder Biogasanlagen von Bedeutung, um die anfallenden Stoffe im Kreislauf zu belassen.

Zum Abschluss der Studie werden weitere, in diesem Zusammenhang notwendige Forschungen in den Bereichen Landwirtschaft, Logistik, Gesetzgebung und Verbraucherverhalten angeregt.

3.2 Fazit

Diese Studie der Stuttgarter Wissenschaftler um Prof. Dr. M. Kranert ist sehr umfangreich und umfassend angelegt und gibt – selbst in der mir vorliegenden Kurzfassung – einen guten Einstieg in das Thema der Lebensmittelabfälle in Deutschland. Meiner Meinung nach darf die Landwirtschaft als Ursprung der Lebensmittel nicht wie in dieser Studie aus der Betrachtung ausgeklammert werden. Auch die Menschen und ihre Psyche finden meiner Ansicht nach nicht genügend Beachtung.

Des besseren Überblicks wegen möchte ich ein zusammenfassendes Diagramm zu den Lebensmittelabfällen nach den Betriebsarten der Großverbraucher erstellen (4.1), um den Blick auf die im Folgenden behandelte Schulspeisung zu lenken.

4. Essensversorgung in Bildungseinrichungen

4.1 Grafikanalyse

Das selbst erstellte Kreisdiagramm auf Grundlage der in der Studie genannten jährlich entstehenden Lebensmittelmüllmengen aus dem Bereich der Groß-verbraucher in den Bezugsjahren 2009 bis 2011 zeigt deutlich, dass über die Hälfte der insgesamt rund 1,7 Millionen Tonnen Abfälle im Gaststättengewerbe entstehen. Entsprechend der Nachfrage nehmen auch die Abfallmengen ab, die geringsten Mengen entstehen deshalb bei der Bundeswehr.

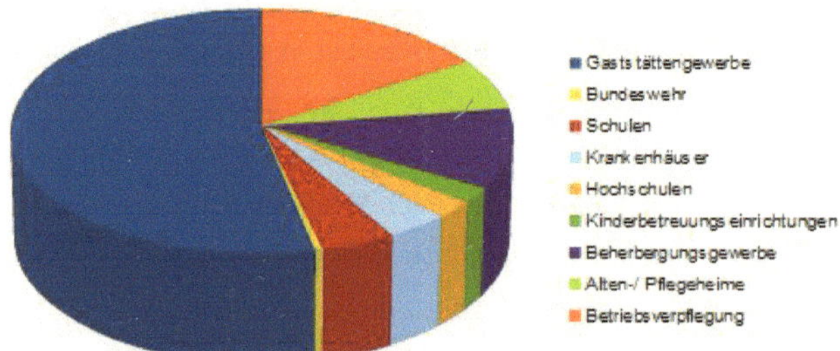

Lebensmittelabfälle nach den Betriebsarten der Großverbraucher

Laut einer neuen Studie des World Wide Found for Nature sollen die Müllmengen der Großverbraucher sogar fast doppelt so groß sein und zu über 60% vermeidbar. In der Schulverpflegung sind Lebensmittelreste, die bis zu 20% der produzierten Speisen ausmachen können, ein Problem, schon allein wegen der erheblichen Kosten beim Einkauf der Lebensmittel, bei der Zubereitung der Speisen durch das Küchenpersonal wie auch bei der Entsorgung der Reste. Durch einen verantwortlicheren Umgang der Schüler mit dem Essen könnten daher eventuell sogar die Menü-Preise gesenkt werden.

Außerdem tragen wir als Schüler so direkt zum übermäßigen Verbrauch der natürlichen Ressourcen bei, denn geht man von den Daten der Studie aus, nach welchen in Gesamtdeutschland die Menge an Lebensmittelmüll für das Schuljahr 2009/ 2010 bei hochgerechnet 81.000 Tonnen liegt, und teilt diese durch die 43.577 bei Wikipedia für dasselbe Jahr angegebene Anzahl an allgemenbildenden

Schulen in Deutschland, so kommt man auf einen jährlichen Durchschnittswert von 1,86 Tonnen pro Schule. Jeder der rund 9.000.000 Schüler ist somit durchschnittlich für 9 kg Essensreste im Jahr verantwortlich.

4.2 Interviews: Ergebnisse und Auswertung

Im Folgenden möchte ich nun beispielhaft eine Schule untersuchen, wo momentan höchstens jeder fünfte Schüler an der Schulspeisung teilnimmt. Diese rund 200 Schülerinnen und Schüler stammen dabei vorwiegend aus den Klassenstufen fünf bis sieben. Täglich bleiben etwa 10 Liter Speisereste, inklusive der nicht zur Ausgabe gelangten Speisen übrig. Im Jahr kommen wir somit auf insgesamt rund 2 Tonnen, von denen jeder Esser an der Schule durchschnittlich 10 Kilogramm Essensreste im Jahr verursacht, allein im Hinblick auf die Mittagsverpflegung an Schultagen! Die Schule liegt daher noch knapp über dem oben genannten Durchschnitt.

Jetzt stellt sich natürlich die Frage, welche Möglichkeiten die Schule sowie das Küchen- und Mensapersonal hat, um der Entstehung dieser Abfallmengen entgegen zu wirken und die Verpflegung nachhaltiger zu gestalten.

Der derzeitige Essensanbieter bietet täglich fünf verschiedene Menüs an, wodurch relativ gut auf die unterschiedlichen Essgewohnheiten der Schüler eingegangen werden kann. Die dadurch gesteigerte Zufriedenheit führt gleichzeitig dazu, dass die Portionen, die bei den jüngeren Schülern meist zwei Drittel der Normalportion ausmacht, aufgegessen werden. Allerdings muss die Großküche die benötigten Lebensmittel sehr genau abmessen, um alle Schüler versorgen zu können und gleichzeitig nicht nach der zweiten Essenspause große Mengen übrig zu haben. Als Ursache für die Entstehung von Speiseresten wird von den Essensfrauen besonders die fehlende Zeit zum Essen genannt. Aber auch die Qualität der Speisen ist für viele Schüler nicht zufriedenstellend, wie aus einer schulinternen Umfrage von 2013/14 hervorgeht, daher vermutlich auch die niedrige Zahl an Essensteilnehmern. Den Eltern geht es hauptsächlich um einen niedrigen Preis und die vielfältigen Auswahlmöglichkeiten. Eine Salatbar, die sich im vergangenen

Jahr bei vielen Mitessern aufgrund des reichhaltigen Angebots an verschiedenen Salaten, Dressings und frischem Obst großer Beliebtheit erfreute, wurde auf Grund von Protesten seitens der Eltern über die gestiegenen Preise in diesem Jahr wieder abgeschafft: Es sei völlig ausreichend den Schülern einen einzigen Salat pro Tag anzubieten und Obst oder Obstsalate als Nachspeise bei einzelnen Menüs dazu zu reichen.

Das Schülercafé hat seit Anfang des Schuljahres nach Angabe der Essensfrauen am neuen Standort im „Begegnungsraum" deutlich mehr Zulauf, da Schüler und Lehrer direkten Zugang vom Schulhof aus haben. Auch dort muss das Küchenpersonal die Nachfrage, die je nach Wochentag und besonders bei Kuchenbasaren variiert, so genau wie möglich erfassen, um entsprechend das Angebot planen zu können. Belegte Brötchen, Würstchen und Pizza seien zu Feierabend für gewöhnlich ausverkauft und auch die Süßigkeiten könnten immer vor Ablauf des Mindesthaltbarkeitsdatums verbraucht werden, sodass nichts weggeworfen werden müsse.

Zum Vergleich habe ich mit der Köchin Frau L. über die Verpflegung der Kinder der benachbarten Kita gesprochen. Dort gibt es meist vegetarisches oder veganes Essen und alles frisch aus dem Topf, also ohne zusätzliche Transportwege. Diese Art der Verpflegung werde von den Eltern sehr geschätzt und sie wären deshalb sogar bereit, mehr zu zahlen als die aktuellen rund 3,60 Euro. Diese setzen sich zusammen aus 2,50 Euro je Mahlzeit plus 28 Euro solidarischem Grundbeitrag pro Monat für alle, durch den diese Frischkostverpflegung auch von den Nicht-Essern mit getragen wird.

Dort bleibt täglich etwa ein Teller an Speiseresten übrig, pro Kind ergibt das eine jährliche Durchschnittsmenge von 1,6 Kilogramm, das sind nur 2% der zubereiteten Menge. Obst und Gemüse kommt jede Woche direkt vom Bauern oder aus einem Bio-Großhandel und am Ende der Woche wird aus dem restlichen Gemüse eine Suppe gekocht.

Nicht mehr Verkäufliches aus ihrem parallel laufenden Biolädchen mit Suppenküche kann Frau L. zu Hause noch verwerten.

Woher kommen also diese großen Unterschiede im Wegwerfverhalten? Gehen Kindergartenkinder verantwortungsbewusster mit Nahrungsmitteln um als Schüler am Gymnasium?

Vielleicht liegt es daran, dass der Küchenwagen direkt auf dem Hof des Kindergartens steht, sodass die Kinder jederzeit zu ihr kommen, zuschauen oder beim Putzen, Rühren, Abwaschen oder Müllrausbringen helfen können. So sind sie direkt an der Verarbeitung der frischen Produke beteiligt und können sich von Anfang an einen wertschätzenden Umgang mit den Nahrungsmitteln aneignen. Den meisten Kindern reicht eine Portion nicht einmal aus und sie geben nicht Ruhe, bis der Topf leer ist, obwohl die Portionsgrößen bereits erhöht wurden.

4.3 Fazit

Um das Wissen und Bewusstsein um den Wert unserer Nahrungsmittel zu steigern, wäre es zum Beispiel sinnvoll, wie ähnlich bereits von Landwirtschaftsminister Christian Schmidt (CSU) gefordert, Lebensmittelkunde und Kochen als Unterrichtsfach mindestens in Grundschulen vorzuschreiben und auch in den weiterführenden Schulen als wichtiges Thema in den Lehrplan aufzunehmen.

Wie bereits an der Waldorfschule praktiziert, wäre es aus meiner Sicht auch denkbar, für die Schülern der siebten oder achten Klassen ein obligatorisches „Küchenpraktikum" in der schuleigenen Küche zu bieten oder alternativ mindestens eine Projektwoche für die ganze Klasse zu organisieren. Dabei sollten sowohl grundlegende Fähigkeiten und Fertigkeiten der Lebensmittelverarbeitung durch gemeinsames Kochen und Backen vermittelt werden, als auch die Herkunft unserer Nahrung bei Besuchen bei Obst- und Gemüsebauern sowie Viehzüchtern vorgestellt werden, was näherungsweise ebenfalls in Waldorfschulen bereits durch eine Landbau-Epoche in der dritten Klasse, den Gartenbauunterricht in der fünften bis achten Klasse und ein Landwirtschaftspraktikum in Klasse zehn geboten wird. So wird letztendlich der gesamte Weg unserer Nahrung bis auf unseren Teller hautnah miterlebt.

In den höheren Klassen könnten die Schüler in fächerübergreifenden Forschungsprojekten zur gesunden Lebensweise, möglicherweise im Rahmen des Sportunterrichts oder einer freiwilligen Projektwoche, am eigenen Körper die Wirkung verschiedener Ernährungsweisen testen, um die Empfehlungen der Deutschen Gesellschaft für Ernährung e. V. (DGE) für sich zu überprüfen, und am Ende einen persönlichen „Fahrplan" für eine optimale Ernährung zu erstellen. Dabei könnte einerseits genauer auf die körperinneren Prozesse der Verdauung und Verarbeitung, als auch auf das Ursache-Wirkungsgefüge unseres verschwenderischen Umgangs mit Lebensmitteln im Bezug auf unsere Gesellschaft und die Natur eingegangen werden.

Dies scheint mir nicht nur die einfachste, sondern auch die effektivste Möglichkeit eine möglichst große Masse in die einfache Umsetztung kleinster Beiträge zum Schutz der zur Verfügung stehenden Ressourcen einzuführen und auf die Dringlichkeit dieser Problematik aufmerksam zu machen. Man kann in unserer heutigen konsumorientierten Gesellschaft keine Erziehung zu einer verantwortungsvollen Lebensweise voraussetzen, da das Hauptproblem sicherlich oft in den Elternhäusern liegt, wo viele Kinder durch falschen oder sogar keinen Umgang mit frischen Lebensmitteln geprägt werden. Die Erwachsenen zu erreichen oder gar zu ändern, ist vermutlich nur in sehr begrenztem Maße möglich.

5. Rückblick auf meine Anfangsgedanken: Kann durch eine fleischfreie Kost die Welternährungslage verbessert werden?

Der im internationalen Vergleich übermäßig hohe Konsum tierischer Produkte muss ganz besonders überdacht werden, denn momentan isst der deutsche Durchschnittsbürger fast doppelt so viel Fleisch wie Ernährungsexperten empfehlen. Das kann nicht nur durch ein gesteigertes Risiko von Herz-Kreislauf- oder Krebserkrankungen unserer Gesundheit schaden, sondern durch den immensen Verbrauch natürlicher Ressourcen und gesteigerte Menge an CO_2-Emissionen auch der „Gesundheit" unseres Planerten.

Am Beispiel einiger, aus dem Speiseplan unserer Schulspeisung entnommener Menüs und der von der Umweltorganisation World Wide Found for Nature (WWF) ermittelten Werte zum „Flächenbedarf und Treibhausgasemissionen" werde ich dies nun kurz mit dem Brennwert der jeweiligen Produkte vergleichen.

Ein Schweinebraten mit Rotkohl und Salzkartoffeln verbraucht mit 2057 kJ/ 492 kcal etwa eine Fläche von 3,08m^2, wovon über 70% dieser Fläche für den Fleischanteil benötigt werden und auch die Emissionen betragen mit rund 1,7 kg CO_2e (Carbon dioxide equivalent) über die Hälfte der bei der Herstellung einer Portion in die Atmosphäre abgegebenen Treibhausgase. Für ein gebratenes Seelachsfilet auf Rahmkarotten und Reis mit einem unbedeutend kleineren Brennwert beträgt der Flächenbedarf nur noch etwa einen Quadratmeter, die Hälfte davon nimmt der Fisch in Anspruch. Das unbestritten meistbestellte Essen sind Gabelspaghetti mit Tomatensoße und Reibekäse, die mit 2686 kJ / 641 kcal in der vegetarischen Ausführung schon deutlich mehr Energie liefern als die genannten fleischhaltigen Gerichte, aber bei einem Flächenbedarf von 0,45m^2 nur für 0,6 kg CO_2e verantwortlich sind. Noch geringer ist der Flächenbedarf für einen Bunten Linseneintopf (Karotten, Sellerie, Kartoffeln, Schwarzwurzel) mit Vollkornbrot, der sogar über 3000 kJ liefert.

Das bedeutet aber nicht, dass der Fleischverzehr komplett eingestellt werden soll; der WWF regt lediglich eine Reduzierung auf 350 Gramm pro Person und Woche

als Richtwert für eine „Gesunde Ernährung 2050 in den Grenzen eines Planeten"
an, der aber noch immer innerhalb der heute von Ernährungsexperten
empfohlenen Mengen von 300 bis 600 Gramm liegt. Wenn zusätzlich die
durchschnittliche Menge an Lebensmittelabfällen im Jahr pro Person um 50 kg
reduziert würde, könnten wir nicht nur den Durchschnitt der pro Weltbürger
tatsächlich verfügbaren Ackerfläche erreichen, sondern würden gleichzeitig den
Verbrauch der begrenzten Süßwassermengen verringern und die CO_2-
Äquivalenten pro Kopf um ganze 30% senken.

6. persönliche Erkenntnisse und weitere Zielstellung

Wissen ist der erste Schritt auf dem Weg zum Erfolg. Mit dieser Arbeit ist mein Wunsch nach einem gerechten Wirtschaftssystem und damit für die Zukunft nach einer gerechteren Welt gewachsen. Und mein Interesse für diesen Themenbereich hat sich soweit verstärkt, dass ich mein Universitätspraktikum am Ende dieses Jahres an der Martin Luther Universität im Bereich des Ressourcenmanagements machen möchte, und nach Gesprächen mit meiner Tante, die am Bundesministerium für Umwelt, Naturschutz, Bau und Reaktorsicherheit tätig ist, ziehe ich auch eine Arbeit im agrarwissenschaftlichen Bereich in Erwägung – mit dem Ziel, an der Durchführung von mir aufgeführter oder neu zu entwickelnder Strategien für die Versorgung der Weltbevölkerung mitwirken zu können.

Ich hoffe, dass meine Ausführung vielleicht auch einige Leser zu einem Bewussteren Umgang mit Lebensmitteln ermutigen kann. Ich würde mich sehr freuen, wenn sich auf dieser Grundlage beispielsweise die Gründung von Gartenbau-/ Koch-Ags in Schulen oder von Projektgruppen ergäbe, die mit Hilfe der Ergebnisse meiner Arbeit, der zugrunde liegenden Studien sowie durch eigene Nachforchungen und Erfahrungen diese Thematik weiter vertiefen und nach außen tragen.

7. Quellen

7.1 Literaturverzeichnis

- http://www.oekosystem-erde.de/html/zukunft-reichtum.html
  10.01.2016, 19 Uhr
- http://www.oekosystem-erde.de/html/geld.html#geldschoepfung
  29.01.2016, 16 Uhr
- https://de.wikipedia.org/wiki/Schulsystem_in_Deutschland#Statistik
  29.01.2016, 19 Uhr
- http://www.sign-lang.uni-hamburg.de/projekte/slex/seitendvd/konzeptg/l53/l5354.htm   10.02.2016, 20 Uhr
- http://www.faz.net/-guq-6mkn3
  21.10.2015, 10 Uhr
- http://www.grin.com/de/e-book/233432/konsumgesellschaft-und-wege-zur-nachhaltigkeit#c_4-heading_id_9
  21.01.2016, 16 Uhr
- http://www.oekosystem-erde.de/html/zukunft-reichtum.html
  17.01.2016, 15 Uhr
- http://www.dgevesch-sh.de/aktuelles/termine/details/events/lebensmittelreste-in-der-schulverpflegung.html
  17.01.2016, 12 Uhr
- http://www.dgevesch-sh.de/aktuelles/presse/details/items/id-1-bundeskongress-schulverpflegung.html
  17.01.2016, 12 Uhr
- http://www.gmx.net/magazine/gesundheit/grafik-kalorienaufnahme-weltweit-kalorien-landen-teller-31251562
  11.01.2016, 20 Uhr
- http://www.localharvest.org/csa/
  09.02.2016, 21 Uhr
- http://www.proplanta.de/Agrar-Nachrichten/Verbraucher/Anzahl-Vegetarier-in-Deutschland-verdoppelt_article1374586891.html
  08.02.2016, 10uhr

- http://www.wz.de/home/panorama/umweltschutz-das-steak-als-klimakiller-
  1.461962   08.02.2016, 10 Uhr
- http://www.wwf.de/publikationen/?q=ern%C3%A4hrung
       09.02.2016, 21 Uhr
- https://de.wikipedia.org/wiki/Allgemeinbildende_Schule
       10.02.2016, 12 Uhr

- Prof. Dr. M. Kranert (Projektleiter) und Projektbearbeiter G. Hafner, J. Barabosz, F.
  Schneider, Dr. S. Lebersorger, S. Scherhaufer, H. Schuller, D. Leverenz:
  Ermittlung der weggeworfenen Lebensmittelmengen und Vorschläge zur
  Verminderung der Wegwerfrate bei Lebensmitteln in Deutschland Universität
  Stuttgart Institut für Siedlungswasserbau, Wassergüte- und Abfallwirtschaft
  Februar 2012 (Kurzfassung)
       (Download: https://www.zugutfuerdietonne.de/index.php?id=198)
- greenpeace magazin 5.15: Essen Spezial
- Juliane Meissner: Essen für die Tonne. In: Mitteldeutsche Zeitung, Wochenende,
  27./28. Juni 2015
- Julia Lauter: Kopieren erwünscht!: OwnFood_Gemüse-Labor für Selbstversorger.
  In: Greenpeace Magazin 6.15: Inhalt: Verpackung
- Terra Geographie 9/10 Sachsen-Anhalt. Stuttgart, Ernst Klett Verlag GmbH, Aufl.
  2014
- WWF Deutschland (Hrsg.): TONNEN FÜR DIE TONNE Ernährung,
  Nahrungsmittelverluste, Flächenverbrauch. Berlin, Januar 2012
- WWF Deutschland (Hrsg.): DAS GROSSE FRESSEN Wie unsere
  Ernährungsgewohnheiten den Planeten gefährden. Berlin, März 2015
- Benjamin Kühne: Um Handels willen. In: fairkehr – VDC-Magazin für
  Umwelt, Verkehr, Freizeit und Reisen. Nr.6/2015 Dezember/Januar: Heile
  Welt?

7.2 Bildquellen

- https://volkerernsting.files.wordpress.com/2012/01/homeless.jpg
  25.10.15 10 Uhr

7.3 Sonstige Quellen:

- Marie-Monique Robin: Die Zukunft pflanzen – Wie können wir die Welt ernähren?.
  ARTE France Développement, 2012 im Vertrieb von absolut MEDIEN GmbH
- https://www.youtube.com/watch?v=k64_q4hU3rw
  21.10.2015, 16 Uhr
  Die Essensretter (Doku)
- https://www.youtube.com/watch?v=uhF-CQSbsno&list=PLQSu5Zqf-
  HVXymlmQ10tRXV9AVDUixLeR
  20.10.2015, 10 Uhr
  „Taste the Waste – über Lebensmittelverschwendung und
  Lebensmittelretter"

8. Anhang

8.1 Flächenbedarf und Treibhausemissionen beliebter Gerichte

8.2 Gesunde Ernährung 2050 in den Grenzen eines Planeten

8.3 Lebensmittelabfälle nach den Betriebsarten der Großverbraucher (Diagramm)

8.4 Tabelle 1: Ergebnisse zur Hochrechnung der Lebensmittelabfälle nach den
Betriebsarten der Großverbraucher und nach Großverbrauchern allgemein

8.1

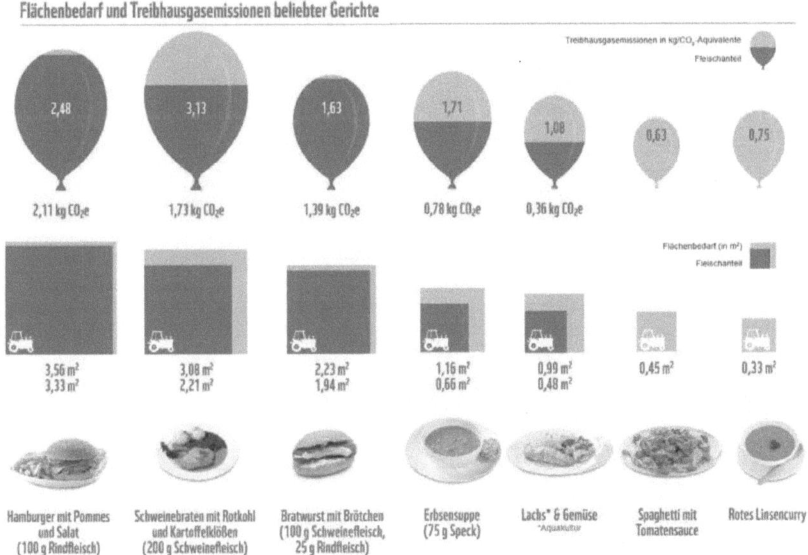

8.2

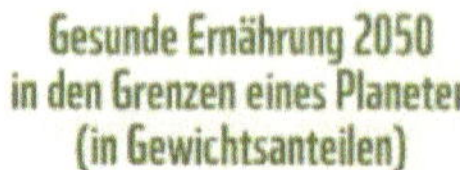

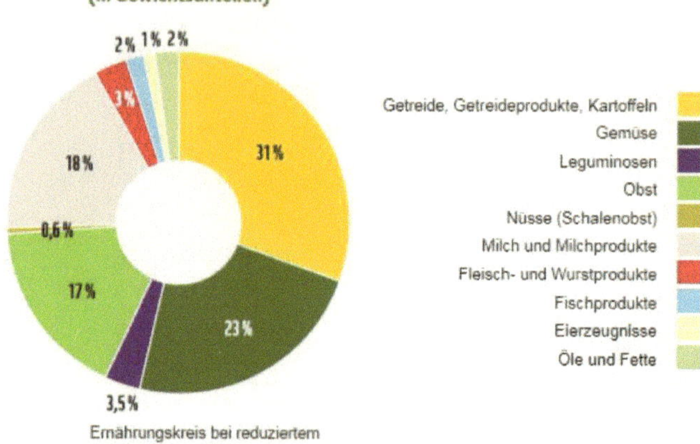

Ernährungskreis bei reduziertem
durchschnittlichem Fleischverzehr von
350 g pro Person und Woche

8.3

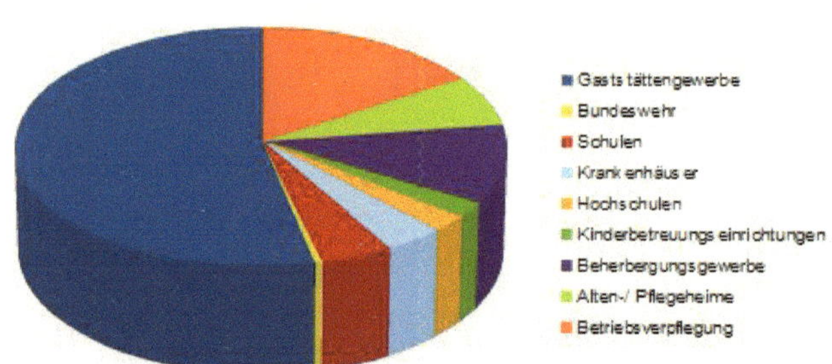

Lebensmittelabfälle nach den Betriebsarten der Großverbraucher

8.3

Tabelle 1: Ergebnisse zur Hochrechnung der Lebensmittelabfälle nach den Betriebsarten der Großverbraucher und nach Großverbrauchern allgemein
(kH ... keine Hochrechnung möglich)

Großverbraucher	LM-Menge insgesamt in 1.000 Tonnen (gerundet)	Bezugs-jahr	Datenbasis
Gaststättengewerbe	837 - 1015	2009	Anzahl der Besuche (Deutscher Fachverlag, 2011); LM-Abfälle (Engström, 2004)
Beherbergungsgewerbe	186	2009	Anzahl der Übernachtungen (Statistisches Bundesamt, 2010); Lebensmittelabfälle (Part, 2010)
Krankenhäuser	65	2009	Anzahl der Betten und Auslastungsgrad (Statistisches Bundesamt, 2011e); Lebensmittelabfälle (Part, 2010)
Schulen	75 - 87	Schul-jahr 09/10	Anteil der Schüler am Mittagessen nach Nationaler Verzehrsstudie (2008) und Lebensmittelabfälle (Part, 2010); Personenanzahl je Schulart (Statistisches Bundesamt, 2011f) und Lebensmittelabfälle (Pladerer et al., 2010)
Kinderbetreuungs-einrichtungen	34 - 38		Anzahl der Kinder mit Mittagsverpflegung (Statistisches Bundesamt, 2011g) und Lebensmittelabfälle (Part, 2010); Anzahl der Kinder (Statistisches Bundesamt, 2011 g) und Lebensmittelabfälle (Pladerer et al., 2010)
Hochschulen	41	WS 09/10	Anteil der Studenten an Mensa nach Nationaler Verzehrsstudie (2008), Anzahl der Studierenden (Statistisches Bundesamt, 2011d) und Lebensmittelabfälle (Part, 2010).
Alten- und Pflegeheime	93 - 145	2009	Kennzahlen zu Pflegeheimen nach Pfaff (2011b), Lebensmittelabfälle (Müller, 1998) und (Part, 2010), Anzahl der Pflegeeinrichtungen (Statistisches Bundesamt, 2011)
Betriebsverpflegung	147 - 402	(2011)	Anzahl der Erwerbstätigen (Statistisches Bundesamt, 2011i), Anteil der Erwerbstätigen für die Betriebskantine nach Nationaler Verzehrsstudie (2008), Lebensmittelabfälle (SBG/IKS Dresden zit. in Wille et al., 2002) und (Van Bambeke, 2008)
Bundeswehr	7 - 10	09/10 bis 09/11	Anzahl der ausgegebenen Essen (Bundeswehr, 2011) und Lebensmittelabfälle (Müller, 1998) und (Part, 2010)

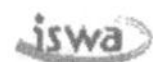

Institut für Siedlungswasserbau,
Wassergüte- und Abfallwirtschaft
Bandtäle 2 • 70569 Stuttgart
www.iswa.uni-stuttgart.de